야생화의 일생 이야기

# 생명이 지나오는 길에서

Twitter of Wild Flowers

최만규 지음

미래사

# 추천사

우선 이번 식물 작품집 『생명이 지나오는 길에서』를 출간하신 최만규 작가에게 진심으로 큰 박수를 보냅니다. 야생화 사진가의 길을 먼저 걸은 이로서 어렵게 고른 사진 한 장 한 장을 모아 하나의 작품집을 엮어내는 큰 일은 물론 그 주제가 식물이기에 반드시 필요한 오랜 노력과 불굴의 의지를 알기 때문입니다.

우리나라 식물의 종류는 약 4,500종으로 알려져 있는데 그 많은 생명들이 4계절 쉼 없이 산과 들 심지어 물속에까지 피고 지고 있습니다. 작가는 지천으로 피어나는 이 식물들의 익숙한 모습은 물론 일반인은 좀처럼 보기 힘든 희귀종이나 육안으로는 볼 수 없는 작은 씨앗의 모습까지 렌즈에 담아내어, 보는 이를 신비로운 자연의 세계로 초대하고 있습니다. 이런 귀한 기록들과 작품성은 보는 즐거움을 넘어 사진계는 물론 식물학계에도 큰 족적이 되리라 생각합니다.

작품집의 내용은 계절의 변화에 따라 새순이 돋아나고 꽃을 피우며 열매를 맺는 그리고 마침내 씨앗을 멀리 떠나보내고 텅 빈 모습으로 자리를 지키는 식물의 일생에 대한 기록입니다. 그 하나하나의 과정과 모습이 어쩌면 우리네 인간의 삶과도 참 많이 닮아있다는 생각이 듭니다. 사진집을 받아보는 입장에서야 앉아서 한 눈에 그런 모습들을 즐길 수 있지만 기록하는 입장에서는 그런 한 단계 한 단계의 모습을 아름다운 사진으로 남기고자 사계절 내내 산으로 들로 오랜 시간을 공들여 왔으리라 생각합니다.

작가의 끈기와 땀의 결실을 페이지를 넘길 때마다 느낄 수 있습니다. 아마 작가도 자연의 생명과 섭리에 공감하고 힘든 줄 모르고 열중하고 또 이러한 출간의 노고를 아끼지 않았으리라 생각합니다.

그 스치는 세월 속 어떤 짧지 않은 인연이 있어 작가와 저도 약 7년 전 상명대학원 야생화반에서 만나게 되어 오늘까지 이어지고 있는 것이겠지요. 이 아름다운 가을이 깊어가는 계절에 다시 한 번 깊은 축하와 함께 앞으로도 이런 훌륭한 작업을 계속하셔서 작품집의 홀씨처럼 더 멀리까지, 더 많은 이의 마음까지 닿았으면 하는 마음으로 추천사를 대신합니다.

2019년 10월

한국사진작가협회 초대작가 송기엽

창조주 하느님께
이 책을 봉헌합니다.

# 자연이
# 들려주는 이야기

추수가 끝난 가을 들녘이나 낙엽이 다 떨어진
외로운 겨울 숲에서 귀하게 찾아낸 열매들을
하나 둘 꽃과 함께 한자리에 모아 펼쳐보니 파노라마 같은
영상 속에 '생명이 지나온 길'이 있고 생명이 남긴
삶의 흔적 같은 숨은 이야기가 있습니다.

꽃에는 한 시절을 살아온 삶과 죽음의 이야기가 있고
열매에는 자연의 섭리로 주어진 생명이라는
이야기가 있습니다. 꽃의 삶은 영원한 것이 아니지만
열매가 품고 있는 생명의 씨앗은 '숲으로 가는 길'로
이어지는 영원한 삶의 이야기입니다.

수많은 생명체들이 함께 모여 살아가는
숨터이자 삶의 터전인 숲이라는 야생의 자연이
꽃과 열매로 들려주는 생명의 이야기에
귀를 기울여 보시기 바랍니다.

# Contents

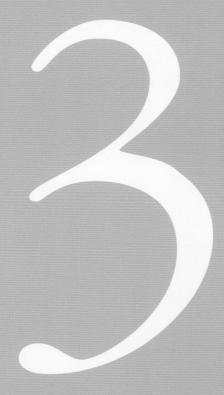

**Part 03**

# 꽃과 열매들의 이야기

Part 01

개화에서 결실까지

# 생명이
# 지나오는 길

꽃이 피고 열매를 맺기까지는 자연이 허용하는 시간이 있습니다. 이 시간의 공간에 새 생명이 처음 자리를 잡고 주어진 시간의 흐름을 따라간 무형의 길이 '생명이 지나오는 길'이라 할 수 있습니다. 이 길에는 꽃이 생명을 담은 열매로 변해가는 자연의 위대한 섭리가 있고 이것을 렌즈가 빛으로 그려낸 영상에는 꽃과 열매의 숲속 삶을 표현한 담론이 있습니다. 우리나라 산과 들에서 계절별로 흔히 볼 수 있는 꽃과 열매들로 '생명이 지나온 길'에서의 삶의 흔적을 기록한 영상이 독자의 예리한 눈과 따뜻한 마음으로  읽혀지고 기억되어 행복한 담론의 즐거움이 되기를 기대합니다.

까마중

흰색의 꽃이 핀다.

흰색 꽃잎이 옅은 붉은색으로 변했다.

도깨비부채

꽃잎이 더 붉어졌다. 3

붉은색 꽃잎이 떨어지고 4

하얀 깃털로 짠 부채 모양의 꽃이
독특한 문양을 하고 흰 꽃이 분홍, 빨강,
초록, 갈색으로 변하는 모습이 마치
도깨비의 신비한 변신을 연상케한다.

녹색의 씨방과 꽃받침만 남았다. 5

씨방이 녹색에서 갈색으로 변했다. 6

씨방이 갈색 열매로 익었다. 7

쉬땅나무 새순

1

2

3

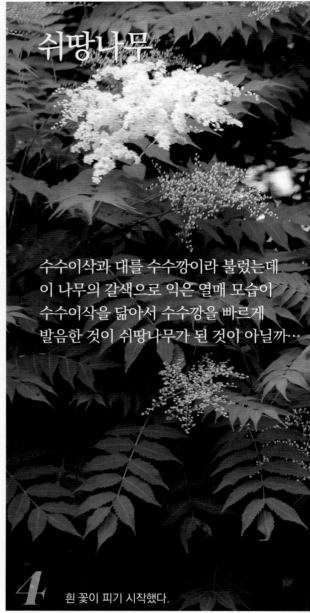

# 쉬땅나무

수수이삭과 대를 수수깡이라 불렀는데
이 나무의 갈색으로 익은 열매 모습이
수수이삭을 닮아서 수수깡을 빠르게
발음한 것이 쉬땅나무가 된 것이 아닐까…

4

흰 꽃이 피기 시작했다.

흰 꽃잎이 누렇게 변했다.

5

갈색 꽃잎이 지고 초록색 씨방이 보인다.

6

씨방이 자라서 열매가 되었다. 7

쉬땅나무 열매 8

솜털이 보얀 새순 잎이 우산 모양으로 자란다.

꽃이 필만큼 다 자란 우산나물

# 우산나물

뒤늦게 찾아온 나비 손님이 큰 일을 한다.

흰색 꽃이 피고

연한 붉은색으로 변했다.

어린 잎은 나물로 먹는
여러 봄나물 가운데 하나다.

분홍색 꽃이 녹색 씨방으로 변했고

씨방이 굵어지고 갈색으로 잘 익어서

갓털 달린 열매가 되었다.

열매를 얻기 위해 헛꽃으로 벌 나비를 유인한다. 1

수분이 되면 색이 변하고 헛꽃은 밑으로 처진다. 2

산수국

수분이 좀더 진행 된 모습 **3**

꽃잎이 지기 시작하고 씨방이 보인다. **4**

수국은 꽃이 워낙 작아서
멀리서도 잘 보이도록 가짜 꽃(헛꽃)으로
벌 나비를 유혹한다.
수분이 끝나면 헛꽃의 잎이
뒤집히며 아래로 처진다.

꽃잎이 완전히 지고 초록색 씨방만 남았다. **5**

씨방이 익어간다. **6**

산수국 열매 **7**

19

# 멸가치

멸가치 꽃

헛꽃도 있다.

수분으로 꽃잎이 붉어지고 헛꽃은 떨어졌다.

꽃잎이 지고 녹색의 씨방만 남았다.

습기 있는 응달에서 자라며,
어린 순은 나물로, 뿌리는 약으로,
잎은 염료로 쓴다.
열매는 껍질에 가시가 있으며
산짐승의 털에 붙어
먼 곳으로 이동한다.

씨방이 여물어 가시달린 갈색 열매가 된다. *6*

갈색의 열매에 가시가 있다. *7*

# 생명을
# 담은 그릇

생명을 담은 그릇은 열매를 말합니다. 씨앗을 담고 있다는 그릇의 이미지를 보여주는 열매는 마치 뚜껑이 열리듯 씨앗이 커지면서 벌어지는 깽깽이풀, 범부채, 쪽동백 등이 있고 박주가리와 같이 지퍼가 열리듯이 배가 불러 벌어지면서 씨앗이 바람에 날아가는 열매, 그리고 망태처럼 생긴 쥐방울덩굴 열매 그 밖에 산비장이와 같이 갓털 달린 씨앗이 바람타고 날아간 다음에 남은 빈 둥지 등등 열매 종류만큼 다양합니다.

반하 열매

# 깽깽이풀

꽃이 지고 열매가 맺기 시작한다.

우리 악기 중 하나인 해금을
속칭 깽깽이라 부른다.
해금의 꼿꼿한 활대와 둥근 울림통이
많이 닮았다.

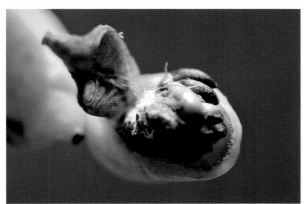

깽깽이풀 열매

# 동의나물

동의나물 꽃

둥근 잎을 접으면 작은 물동이가 된다 하여 동이로,
동이에서 또 동의로 바뀌어서 지어진 이름이다.
독초이니 조심해야 한다.

동의나물 열매

동의나물 씨앗

# 박주가리

박주가리의 새 생명이 태어나는 극적인 순간이다.
갓털에 매달린 씨앗이 숲속 어딘가로 가기 위해
바람을 기다린다. 이름의 유래는 아마도 열매가
갈라진 모양이 박쪼가리 같아 보여 쪼가리가
주가리로 변형된 게 아닐까…

박주가리 씨앗

박주가리의 비상

# 쥐방울덩굴

쥐방울덩굴 열매

쥐방울덩굴은 꽃잎이 없고 나팔처럼 생긴
꽃받침 통에서 수분이 이루어진다.
열매는 실 같은 여섯 개의 꽃자루 끈에 매달려
낙하산이 펴지듯이 입이 벌어진다.
한방에서는 열매와 뿌리를 약재로 사용한다.

# 쪽동백

쪽동백 꽃

쪽동백 열매

쪼개진 조각을 모아놓은 것처럼
여러 개의 작은 꽃이 모여 달린 것을
쪽동백으로 부른 것이 아닐까…
열매는 약용으로 쓰이며 정원수로 심는다.

# 범부채

범부채 꽃

범부채 열매

부채처럼 시원하게 펼쳐진
꽃이 범 문양 같다.
열매는 유난히 검고 윤기가 있다.

# 산비장이

열매는 바람에 날아가거나 산새들이 먹는다.

양지바른 산중턱에서 흔치 않게 보는
산비장이는 곧게 자란 줄기 끝에 핀 멋진 꽃을
훤칠한 키에 미남 지방 관리의 화려한
의관에 빗대어 산비장이라 부른 것이
연유라는 속설이 그럴듯하다.

열매가 둥지를 떠난다.

눈이 쌓인 빈 둥지

03

숲으로
가는 길

열매 속 씨앗이 어딘가에 떨어져 싹이 트고 꽃을 피워 열매를 맺었다면 이러한 일련의 과정이
'숲으로 가는 길'이 됩니다. 씨방에서 태어난 씨앗들이 때가 되면 둥지를 떠나 이 길을 가야 하는
데 첫 출발지인 둥지를 벗어나는 과정부터 생존을 위한 위험과 모험이 시작됩니다.

제비꽃 씨앗

## 제비꽃과 이질풀의 씨앗 튕겨내기

제비꽃의 특징 중 하나는 씨방이 고개를 숙였다 폈다 합니다. 꽃잎이 지고나면 씨방이 서서히 180도로 고개를 숙였다가 씨가 다 익으면 다시 원위치로 고개를 처 들고 동시에 씨앗을 멀리 보내기 위해 꽃대가 길게 자랍니다. 씨앗을 퍼트릴 모든 준비가 끝나면 씨방이 세 쪽으로 갈라지고 씨앗을 감싸고 있던 껍질이 오그려 지면서 씨앗이 하나씩 튕겨 나갑니다. 이질풀의 경우도 씨방 껍질의 탄성으로 열매를 멀리 튕겨나가게 하는 것은 비슷하나 그 방법은 최신 로켓 발사대를 연상케 할 정도로 씨방의 모양이 길게 자랍니다.

제비꽃의 씨앗 튕겨내기 과정

이질풀

이질풀의 열매와 씨방 껍질

## 깍지(꼬투리) 열매의 씨앗 터트리기

씨앗을 보호하는 겉껍질이 때가 되면
뒤틀리면서 갈라져 터지는 탄력으로 씨앗이
떨어져 나가는 방법은 가장 쉽고 흔하게 볼 수
있는데 긴잎나비나물, 활량나물, 애기똥풀, 고
삼 등이 있습니다.

긴잎나비나물

고삼

활량나물

애기똥풀

엉겅퀴

민들레

개버무리

**바람의 힘으로 날려 보내기**
씨앗에 갓털이나 날개를 달아 바람의 힘으로
멀리 날려 보내는 방법이 있는데 민들레,
엉겅퀴, 개버무리 등은 갓털로 단풍나무,
까치박달 등은 날개로 바람을 이용합니다.

단풍나무 열매

까치박달의 과포와 열매

**새의 먹이로 또는 포유류의 털에 붙어서 이동하기**
겨울철 산새들이 가장 좋아하는 붉은색 검은색 열매들의
속 씨는 새들의 배변을 통해서 어미나무로부터 먼 곳으로
쉽게 이동하고 멸가치, 전호, 도깨비바늘 같은 열매는
산짐승의 털에 붙어서 이동합니다.

산수유

산사나무

꼭지윤노리나무

전호 열매

멸가치 열매

도깨비바늘

이와 같이 여러가지 방법으로 둥지를 떠난 씨앗이
'숲으로 가는 길'은 다음 세대를 위해 반드시 지나야 하는 생명의 길이고
또 다른 생명의 시작을 위한 열매를 얻는 모험의 길입니다.
우주보다 큰 생명을 품고 있는 한 알의 작은 씨앗들이 밀알이 되어
만들어지는 숲은 수많은 생명체들이 함께 살아가는 쉼터이며,
제2, 제3의 생명의 길이 됩니다.

Part 02

열매 알아보기

01

색깔로 본
열매

숲이 단풍으로 물들고 따가운 가을 햇살에 까마귀살나무를 선두로 모든 열매들이 검붉게 익으면 이 열매를 따먹은 산새들의 몸집이 통통하게 살이 오릅니다. 겨울 열매의 대표 산수유, 산사나무의 붉은 열매가 지천인 숲을 지날 때 크고 작은 산새들이 동시에 울어대면 마치 '내 밥에 손대지 말라'고 외치는 소리처럼 숲이 시끄러워집니다. 추운 겨울 숲이 완전히 흰 눈으로 덮여도 붉은 열매 나무 주위에는 산새들이 많이 모여듭니다. 아마도 붉은 열매는 산새들이 제일 좋아하는 겨울 식량인가 봅니다.

산수유 열매

# 가막살나무

까마귀를 뜻하는 '가막'이
이름이 된 것으로 보아
까마귀가 먹는 쌀이 가막살나무로
됐다는 말도 그럴듯하다.

붉은색 열매

# 꼭지윤노리나무

꼭지 한 가지에 여러 개의 열매가 달리는
윤노리나무의 붉은 열매가 유난히
빛나고 맛나 보인다.

# 백당나무

백당나무 잎이 단풍으로 물들어갈 무렵
따가운 가을 볕에 빨갛게 익어가는 백당나무 열매는
너무나 아름다워 카메라의 렌즈가 피할 수 없을만큼
강렬한 유혹으로 다가온다. 특히 함박눈을 뒤집어 쓴
백당나무 열매가 더없이 멋스럽다.

# 산사나무

산새들의 겨울 식량창고에
산사나무의 붉은 열매가 차고 넘친다.

# 산수유

적당히 굴곡진 고목 가지에 봄을 알리는
노란 산수유꽃이 고향집 시골마을의 정취를
보는 듯하다. 가지가 휘도록 아낌없이 내어주는
붉디 붉은 산수유 열매는 풍요와
너그러움이 넘친다.

# 까마중

까마중은 우리나라 각지의 밭두렁이나
길가 풀섶에 자란다. 검게 잘 익은 열매는
들에서 따먹던 간식거리였다.
항암 성분도 있다고 한다.

검은색 열매

# 밀나물

줄기와 잎, 꽃이 모두 연약해 보이는데
열매는 크고 검은색이 유난히 반짝인다.

# 병아리꽃나무

순백의 하얀 꽃이 꼭 병아리를 닮았다.

병아리꽃나무 빈 둥지

## 검은색 열매

# 쥐똥나무

검은색 열매가 꼭 쥐의 그것과 비슷하다.

# 감나무

새들이
감나무에 익은 감을
쪼아 먹을 때
까치가 제일 먼저 먹고 나면
직박구리가 나머지를 먹고
마지막으로
참새가 먹는다.

# 멀구슬나무

꽃은 향료로 열매는 약용과 염주로
나무는 목재 또는 조경용 등으로 이용하는데
옛 선조들의 일상 생활과 함께 살아 온 나무다.

# 치자나무

치자 꽃은 향기가 좋아 향료의 원료가 되
잎, 뿌리, 열매는 약용으로 쓰이며,
열매의 노란색은 식용염료로 사용한다.

# 노린재나무

낙엽이 타면 노란색 재가 된다 하여
붙여진 이름이고 열매는 파란색이다.
관상용 정원수로 심는다.

# 박쥐나무

개화 직전 꽃망울

박쥐나무 꽃

박쥐나무 풋열매

비상하는 박쥐의 날개를 닮았다.

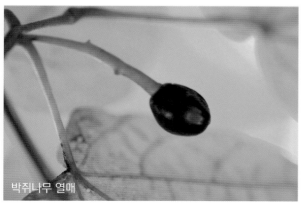

박쥐나무 열매

02

# 갓털이 있는 열매

존재의 가벼움이 전부인 갓털에 매달린 아주 작은 열매가 스치듯 불어오는 약한 바람에도 하늘 높이 날아올라 숲으로 간다. 어미나무를 떠나기 전 갓털이 만들어내는 여러 가지 형상들을 뒤로하고 떠나가는 비행은 모험과 위험을 감내해야 한다. 이 갓털 열매들이 숲으로 가는 길에서 보여주는 여러가지 형상의 실루엣은 새로운 아름다움으로 우리의 눈길을 끈다.

꽃보다 아름다운 삽주 열매

# 각시취

각시취

각시취는 바늘처럼 가는 꽃들이 모여
핀 꽃이어서 수정이 되면 하나하나가
씨앗을 품은 열매가 된다. 취나물의
우두머리 수리취가 남성 취나물이라면
취나물 중에서 가장 멋쟁이 취나물을
각시취로 부른 것도 흥미롭다.

열매가 둥지를 떠나기 시작한다.

홀로 남은 열매가 바람을 기다린다.

석양의 군무가 멋지다.

# 개버무리

개버무리 꽃

개버무리 열매

털 복숭이 강아지처럼 생기기도 했고,
꽃과 줄기 열매들이 어지럽게 뒤섞여서
버무리라고 했다는 두 가지 설이 있다.

제목 : 석양의 실루엣 1

제목 : 석양의 실루엣 2

# 단양쑥부쟁이

석양에 비친 열매의 실루엣이 멋스럽다.

열매가 갓털로 덮여있다.

멸종 위기의 식물로 단양의 쑥부쟁이란 뜻이다.

둥지가 비어간다.

단양쑥부쟁이 열매의 군무

새순이 나면서 꽃이 핀다.

# 머위와 털머위

무심코 나물로만 먹던 머위 열매를
생명이 지나오는 길 끝에서 갓털로 만나
렌즈에 담았다. 마치 실버세대의 희끗희끗
머리결처럼 멋있는 머위 갓털을 보며
나이 먹음의 멋스러움을 느낀다.

꽃대가 자라서

머위 열매

머위 열매가 되었다.

털머위 꽃

털머위 열매

민들레

# 민들레

토종 흰민들레

민들레

갓털이 아름답다.

정교하다.

노란색 꽃이 피는 민들레는 산과 들에서 흔히 볼 수 있지만 고도의 기술로 섬세하게 만들어진 갓털 열매의 정교함은 우리를 놀라게 한다. 강바람 타고 훨훨 날아가는 민들레 홀씨도 갓털 열매의 비밀 설계도에서 나온 것이다.

갓털이 서로 엉키지 않는다.

둥지가 거의 다 비었다.

갓털이 있는 열매

# 사위질빵

제목 : 물고기의 먹이 활동

눈 속에서 렌즈가 찾아낸 사위질빵 갓털 열매의
환상적인 형상들은 꽃에서는 볼 수 없는 상상과
사색의 새로운 이야기를 만들어 낸다. 생명이 지나오는
길에서 꽃과 열매가 나누는 그들만의 TWITTER를
소재로 새로운 이야기를 엮어보시기 바란다.

제목 : AI 로봇과 평화의 등불

제목 : 외로움

# 삽주

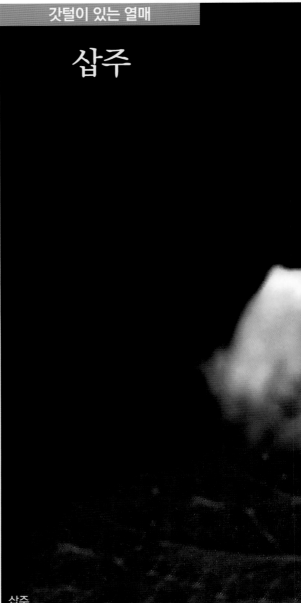

삽주

황금 돔 같은 씨방

꽃보다 아름다운 삽주 열매

옆에서 본 열매

원통형 그물망 둥지 위로 흰색의
삽주꽃이 피었다 지면 황금색 둥근 돔 같이
생긴 씨방이 보인다. 이 씨방의 껍질이 하나 둘씩
벗겨지면 곤충이 우화의 날개를 펼치듯
꽃보다 아름다운 갓털 열매가 열린다.
뿌리를 약용으로 쓰는 약초이다.

얼어버린 빈 둥지

빈 둥지는 말이 없다.

눈처럼 흰 솜털이 녹색이 되고

# 솜다리

전신에 녹색 봄 옷을 입었다.

솜다리 꽃망울이 생기고

꽃이 활짝 피었다.

솜다리 열매가

높은 산 바위틈에 자란다.
우리나라에는 솜다리 외에 산솜다리,
왜솜다리, 한라솜다리가 있다.

둥지에 넘치고

열매가 바람을 기다린다.

# 수리취

예부터 취나물의 으뜸이라는 수리취로
만든 떡은 단오 또는 수릿날 먹던 세시
음식이었고 마른 수리취 잎은 부싯깃으로
불을 붙여 곰방대로 담배도 피웠던 나물이었

열매는 가시로 덮여 난공불락이다.

취나물의 우두머리 수리취

그러나 세월은 어쩌지 못하고

늘어나는 갓털에

서서히 무너진다.

수리취 열매

# 억새

억새의 작은 열매는 참새들의 성찬이다.

# 엉겅퀴

엉겅퀴의 가시는 산보다는 초식동물이 많은 들에 피는데 엉겅퀴의 가시가 스스로를 초식동물의 먹이로부터 보호하기 위해 억세고 날카롭다고 한다.

엉겅퀴 어린 꽃망울

엉겅퀴 꽃

엉겅퀴 갓털이 열매를 달고 바람 따라 둥지를 떠난다.

바람을 기다리는 열매

**갓털이 있는 열매**

# 바늘엉겅퀴

바늘엉겅퀴 꽃

열매가 둥지를 떠나기 시작한다

열매 하나가 외롭게 홀로 남아 빈 둥지를 지킨다.

갓털만 남은 빈 둥지

# 자주조희풀

자주조희풀 꽃

갓털이 부풀기 직전의 씨방

갈색으로 변한 자주조희풀 열매

우리나라 각지 산기슭에서 자라는
여러해살이풀이며 관상용 또는 뿌리를
약용으로 하고 꽃은 파란색, 자주색이며
갓털 열매가 열린다.

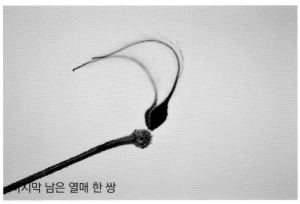

마지막 남은 열매 한 쌍

눈밭에 떨어진 조희풀 열매

03

# 잎이 비슷한
# 열매

개병풍은 사라져가는 보호식물로 잎이 크고 둥글며 꽃이 흰색이다.
도깨비부채는 잎이 크고 둥글고 여섯 장으로 갈라졌고 꽃은 흰색이다.
병풍쌈도 잎이 크고 둥글며 열매에 갓털이 있다.

개병풍

# 개병풍

꽃잎이 지고 씨방이 보인다.

잎이 크고 둥글다.

사라져가는 식물이고 보호종이다.

알이 굵어지며

씨알이 누렇게 익은 열매가 된다.

# 도깨비부채

도깨비부채 흰색 꽃무늬

도깨비부채 녹색 씨방과 꽃받침

씨방이 갈색으로 변하고

도깨비부채의 꽃술 무늬가 특이하고 화려하다.

열매가 되었다.

잎이 크고 여섯 장으로 갈라졌다.

# 병풍쌈

병풍쌈 새순

병풍쌈 군락

병풍쌈의 잎은 산나물 중에서
가장 크고 맛과 향이 좋다고 한다.

04

# 꽃이 비슷한
# 열매

인동과 식물로 꽃의 모양이 비슷해서 혼동이 되기 쉬우나 열매의 모양은 확실히 다르다.

붉은인동

# 괴불나무

괴불나무

인동과로 꽃이 비슷한 괴불은
올괴불, 왕괴불, 청괴불, 섬괴불 등
종류가 다양하다. 그 중 왕괴불, 청괴불은
꽃이 아래를 향해 핀다.

청괴불

왕괴불

# 구슬댕댕이

하얀색 꽃잎이 수정이 되면 노란색으로 변한다.

탱탱한 구슬처럼 생긴 붉은 열매에 어울리는 이름을 얻었다.

# 인동

흰색꽃이 노랗게 변한다고
금은화(金銀花)라고도 부른다.
열매는 검은색으로 익으며,
중부 이남에서 잎이 지지않고
겨울을 난다. 유용한 약초이다.

# 붉은인동

붉은인동

씨방과 열매

붉은인동 열매

붉은인동의 꽃과 열매가 모두 붉은색이다.
추위에 강하고 줄기를 약용으로 쓴다.

05

모양으로 본
열매

노박덩굴과 참빗살나무는 같은 노박덩굴과 식물인데 씨앗이 닮았고, 미선나무와 수양느릅
나무는 각기 다른 종인데 열매는 비슷해 보인다.

미선나무 열매

# 노박덩굴

태양의 빛과 열을 가득 담아
붉게 빛나는 노박덩굴의 씨앗이
신비하고 아름답다.

# 참빗살나무

참빗살나무 열매 껍질이 벌어지면
둥글고 붉은색 씨앗이 별처럼 아름
답게 빤작거려 눈길을 끈다.

참빗살나무 열매

# 미선나무

미선나무 열매

미선나무는 우리나라 고유의 특산식물이다.
꽃은 흰색이 대부분이고 드물게 분홍색도 있다.
향기가 고와서 사랑받는 꽃이다.
열매는 부채를 닮았는데 미선나무라는
이름의 유래가 되었다.

열매가 부채를 닮았다.

# 수양느릅나무

줄기가 수양버들처럼
아래로 흘러내린 느릅나무이다.
열매가 미선나무의 열매처럼 생겼다.

06

# 깍지(꼬투리)
# 열매

씨앗을 보호하는 열매 겉껍질이 때가 되면 뒤틀리면서 갈라져 터지는 탄력으로 씨앗을 퍼뜨리는 방법은 자연에서 스스로의 힘만으로 번식할 수 있는 유일한 생존수단이다.

애기똥풀 열매(깍지가 갈라지며 까만 씨앗이 어미를 떠나기 직전이다.)

# 고삼

꽃이 피면

왕벌만이 유일한 단골손님이다.

고삼

고삼 열매가

서서히

맛이 몹시 써서 고삼이라는 이름을 얻었고
뿌리가 구부러져서 도둑놈의 지팡이라는
별명이 재미있다.

자라서

씨앗이 튕겨나간다.

# 고추나무

고추나무 풋열매

안개에 가렸던 아련한 모습이
서서히 보일듯 말듯 시야에 어른거린다.
아마도 이것은 이제 막 피어나는 고추나무
어린 꽃망울의 티없는 흰빛깔 때문일 것이다
열매가 사람의 심장을 닮은 형상이 신기하다

생명이 살아 있는 심장

생명이 멈춘 심장

# 긴잎나비나물

긴잎나비나물 풋열매

산과 들에서 흔히 볼 수 있는 여러해살이풀로
붉은색이 강한 보라색 꽃이 핀다.
열매가 콩깍지처럼 생겨 씨앗이 튕겨나간다.

깍지가 마르면서 씨앗이 날아간다.

긴잎나비나물 열매

# 물레나물

물레나물 풋열매

물레나물 열매

물레나물의 빈 둥지가
유난히 탈색 되고 뒤틀린 모습이
마치 삶의 참담한 끝을 보는 것 같아
마음이 찡하다. 꽃잎 다섯 장이
둥근 물레 틀을 닮았다.

물레나물 빈 둥지 ①

물레나물 빈 둥지 ②

145

## 깍지(꼬투리) 열매

# 매미꽃과 피나물

매미꽃은 잎 줄기와 꽃대가 각각 별개이고
꽃대는 중간에 여러 개로 갈라져 꽃대마다
끝에 꽃이 핀다. 피나물은 줄기 하나가
아래는 잎, 위로는 꽃대 역할을 하는데
꽃이 피면 꽃받침이 갈라지며 떨어진다.

매미꽃

매미꽃 열매

매미꽃

피나물

피나물

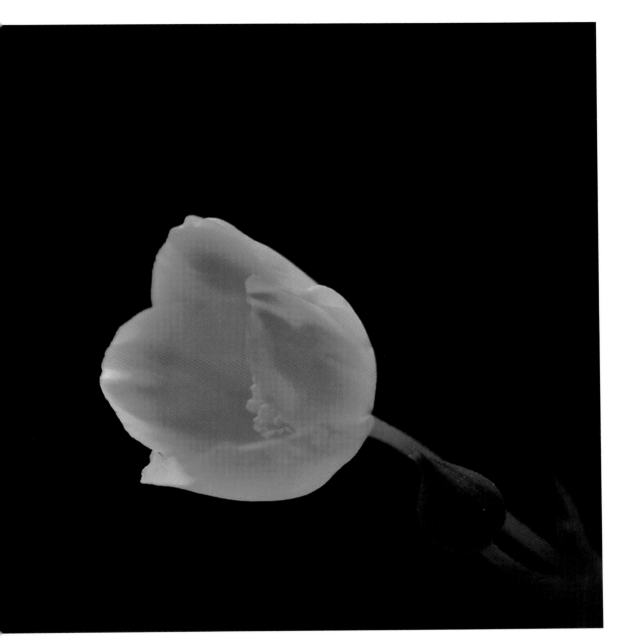

꽃받침이 갈라져 떨어진다.

피나물 꽃과 열매

# 물봉선

물봉선

숲속 양지쪽에 수줍은 물봉선 꽃으로

무시무시한 왕벌이 찾아와 하얗게 질린 물봉선

정신을 차리고 손님을 맞는다.

귀중한 생명을 담은 열매가 생겼다.

꽃이 봉선화와 비슷하고 습지에서 자란다.
열매는 익으면 스스로 잘 터지는 약초다.

물봉선 열매

노랑물봉선

# 백선

백선 열매 꼬투리

다양한 약용 가치가 있는 약초이며
관상용으로도 인기가 있다.

씨앗이 빠져나간 백선 열매의 빈 꼬투리

# 봄까치꽃

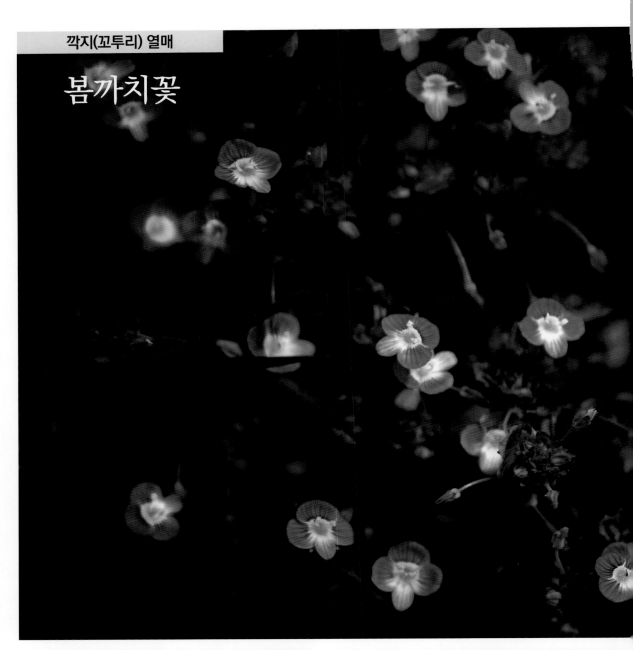

봄까치꽃 열매

이른 봄 들녘 양지쪽 풀숲에 피는 봄까치꽃은
작지만 깜찍하게 예쁜 하늘색 얼굴로 봄을 전한다.
열매는 아래로 고개를 숙이고 있어서 풀숲에 가려
찾기가 쉽지 않고 동글동글한 열매 깍지가
벌어지며 씨앗이 떨어진다.

봄까치꽃 깍지 열매

# 애기똥풀

애기똥풀의 암술대와 씨방은 꽃잎이 지기도 전에
처음부터 완전히 노출되어 눈으로 쉽게 볼 수 있는 것이
특이하다. 수분이 되어 꽃잎이 지고나면 암술대와
씨방의 경계가 확실해지며 열매가
아주 길게 자란다.

씨방이 길게 자라서 깍지 열매가 된다.

# 어수리

어수리 씨방

어수리 풋열매

우산처럼 꽃이 피는 산형(傘形)
꽃 중에 어수리는 안쪽 꽃보다
바깥쪽 가장자리 꽃잎이 헛꽃처럼
길고 큰 것이 특징이다.
열매는 껍질에 줄무늬가
네줄이고 작은 복주머니 또는
가리비조개처럼 생겼다.

어수리 열매

**깍지(꼬투리) 열매**

# 무

무, 배추의 꽃대를 장다리라 하는데
무는 연한 보라색 십자화가, 배추는 유채꽃 빛깔의
노란색 십자화가 핀다. 열매가 익으면 길게 생긴
깍지가 벌어지고 씨앗이 나온다.

가을에 파종한 무가 봄에 새순이 웃자라서
장다리꽃이 되고 열매를 맺는다.

장다리꽃 열매

# 전호

전호 열매의 껍질은
작은 가시가 있어서
등산복 같은 옷이나
산짐승의 털에 붙어서
이동을 한다.

전호 열매

# 큰개현삼

꽃이 피고 열매를 맺는 평화로운 생명의 길에 거미의
끔찍한 약육강식이 숲속의 냉혹한 현실을 보여준다.

꽃이 아주 작고 모양도 특이함에 비해
열매는 깍지에 싸여 단단해 보인다.

큰개현삼 열매

07

# 접두(미)어가
# 같은 열매

두릅나무 열매

# 금꿩의다리

금꿩의다리

금꿩의다리 열매

예전에 여자들의 머리숱이 많아 보이려고
덧붙였던 머리를 '다리'라 하는데(국어사전)
꽃잎이나 수술이 풍성하게 많아 보여서 다리를
붙여 부른 것이 이름의 유래이다.

# 은꿩의다리

은꿩의다리 열매

제목 : 곡예

으아리의 꽃잎이 지면 암술대 위에
갓털 열매들이 달리는데 암술대에
매달린 열매들의 형상이 마치 치열한
경쟁을 하는 것처럼 보인다.

제목 : 외톨이

으아리 열매

꽃잎이 지고

갓털이 부풀기 시작한다.

온몸으로 겨울 바람을 견딘다.

# 큰꽃으아리

생명의 씨앗이 숲으로 가는 길목에서
눈바람을 견뎌내는 인내가 놀랍다.
생명은 그냥 얻어지는 것이 아니다.

큰꽃으아리

제목 : 극한체험 1

제목 : 극한체험 2

제목 : 극한체험 3

제목 : 마지막 갓털

# 노루귀

청노루귀

솜털이 뽀얀 총포가 노루귀를 닮았다.

솜털에 싸인 애기노루귀

뽀얀 솜털이 있는 총포가 노루귀를 닮아서
지은 이름이 친근감을 준다. 솜털은 총포 외에도
줄기에도 있고 열매의 씨앗에도 솜털이 반짝인다.
아마도 추위에 잘 적응하기 위해서 인 것 같다.

노루귀 열매

씨앗에도 솜털이 빼곡하다.

# 노루오줌

우리나라 산과 들에서 흔히 볼 수 있는
관상용 꽃이다. 뿌리를 캐면 소변 냄새가 나는데
주인공을 노루로 지목했다.

노루오줌 열매

# 여우구슬

여우구슬 꽃

여우구슬 열매

# 여우주머니

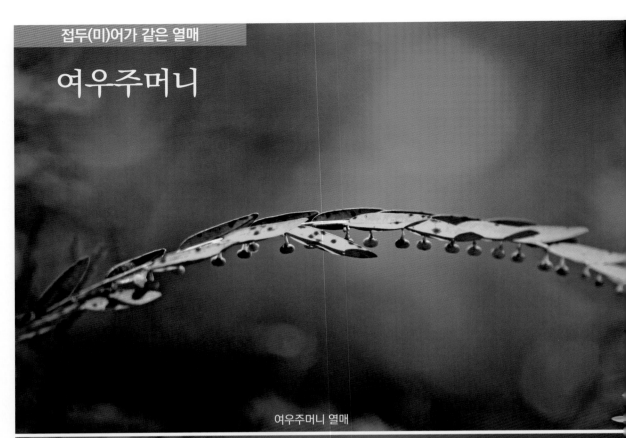

여우주머니 열매

# 까마귀밥나무

시골집 동네어귀
길가 모퉁이에 빛나던
까마귀밥나무 붉은 열매
새들의 겨울 식량
벌써 가지를 비웠네.
초록이 단풍되고 낙엽되어
홀로 남은 열매에 눈이 내리면
푸르던 옛날이 그리워진다.
까마귀밥나무 붉은 열매가
생각난다.

먹음직스러운 붉은 열매가
풍성하게 열려 관상용
정원수로 심는다.

눈 속에 쪼글쪼글 얼어버린 열매

까마귀밥나무 꽃

초록이 단풍 되고

낙엽 되어 홀로 남은 열매에 눈이 내리면

푸르던 옛날이 그리워진다.

# 까마귀베개

까마귀베개 열매

노란 열매는 붉은색이 되고

마지막에 검은색 열매가 된다.

# 개암나무

개암나무 암꽃과 수꽃 이삭

개암 풋열매

봄에 새잎이 나기 전 암수 한 그루에
꽃이 피고 수꽃 이삭은 꼬리 모양으로 달린다.
개암 열매는 도토리 모양으로 10월경에
갈색으로 익는데 날로 먹을 수 있다.
외국에서는 헤이즐넛(Hazelnut)으로 부르는
세계 4대 견과류이다. 커피에도 첨가해서
먹는데 맛있는 헤이즐넛 커피다.

개암 열매

접두(미)어가 같은 열매

# 참개암나무

참개암나무 수꽃 이삭과 암꽃

암꽃과 수꽃 이삭

참개암나무 암꽃

참개암나무 열매

# 매화노루발과 분홍노루발

매화노루발 꽃과 열매(태안)

노루발 종류는 전 세계에 20여 종이 넘고
우리나라에는 매화노루발, 분홍노루발,
호노루발, 새끼노루발, 콩팥노루발 등이 있다.
매화노루발은 중부지방 서해안 해안가
소나무 그늘 기름진 곳에 많이 자생한다.

분홍노루발(백두산)

분홍노루발 꽃과 열매(백두산)

# 앉은부채와
# 애기앉은부채

눈 속 앉은부채의 불염포 속
씨방에 노란 꽃이 피었다.
곧 수정이 되면 앉은부채의 씨방이
검은색이 되고 갈색의 열매가 되면
뿌리로부터 새잎이 나온다.

3월에 열매가 된 씨방과 불염포

4월 초 열매가 익어갈 때 앉은부채 새잎이 나온다.

여름에 꽃이 핀 애기앉은부채가 수정이 되면

10월에 애기앉은부채의 새잎이 불염포와 씨방을 밀고 올라온다.

08

# 희귀한 열매

물 위에 떠있는 가시연꽃 씨앗

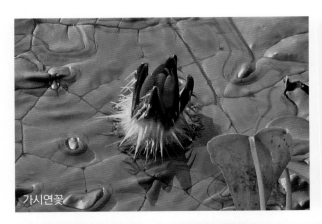
가시연꽃

**희귀한 열매**

# 가시연꽃

가시연꽃은 수분이 끝나면
씨방이 물 밑으로 가라앉고
열매가 다 익으면
씨앗이 씨방 밖으로 나와
물에 뜨거나 가라앉는다.

가시연꽃

꽃잎이 지고 씨방만 보인다.

씨방이 물속에 잠겨 있다.

씨방과 씨앗이 물에 떠 있다.

물에 가라앉은 가시연꽃 씨앗

겨우살이 수꽃

겨우살이 암꽃

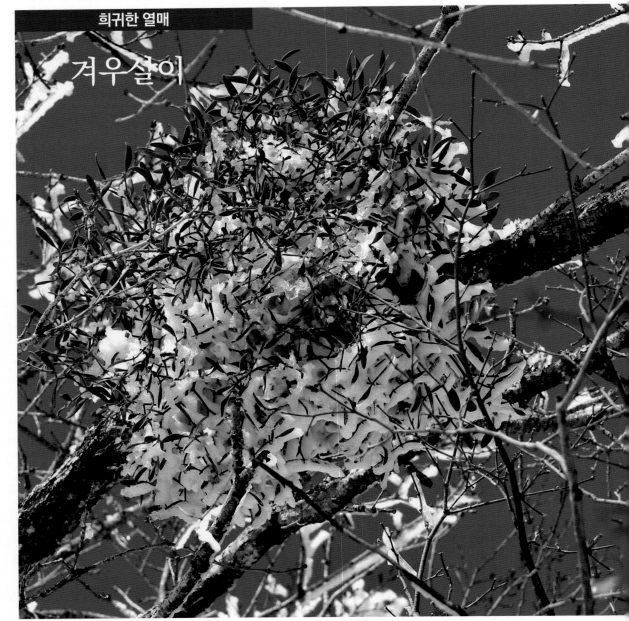

**희귀한 열매**

겨우살이

겨우살이 풋열매

겨우살이 열매

붉은겨우살이 열매

겨우살이는 암수 딴그루로
3~4월에 꽃이 피고 7월에 풋열매가,
월에 노란색 열매가 된다. 겨울이 깊어지면
는 끈끈한 과육에 싸여 산새들이 좋아하는
이로 배설물로 나무에서 나무로 옮겨진다.
참나무, 밤나무 등에 기생하고
둥지처럼 둥글게 자란다.
열매는 노란색과 빨간색이 있다.

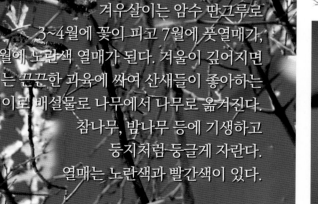

현영주

Part 03

꽃과 열매들의 이야기

01

# 씨방 이야기

'생명이 지나오는 길'에서 씨방이 열매로 익어가는 동안 그 크기와 색깔이 변하고 모양과 기능의 역할도 변하는 것을 볼 수 있습니다. 제비꽃의 경우 씨방이 고개를 숙였다 폈다 하는 것처럼 움직이는데 투명하게 보이는 씨방 속 어린 씨앗을 가슴에 품어 안 듯 아래로 수그린 모습은 모성애를 보는 듯합니다. 금낭화의 경우 수분이 끝나고 꽃잎이 밑으로 떨어지면 바로 긴 대롱처럼 생긴 씨방을 볼 수 있고 이질풀 쥐손이풀은 꽃잎이 지고난 후 씨방이 길게 자라는데 이질풀은 껍질이 씨앗을 어미식물로부터 멀리 튕겨 나가도록 기능이 변합니다.

쥐손이풀

씨방과 꽃대가 일직선이다.

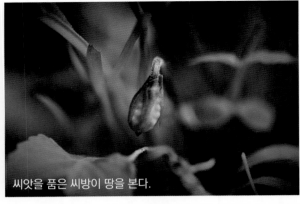
씨앗을 품은 씨방이 땅을 본다.

# 제비꽃

햇빛 쏟아지는 이른 봄 황금빛 잔디밭에
자리잡은 반가운 제비꽃 무리가 봄을 알린다.
머지않아 만개한 꽃잎이 지고 씨방이
열리면 꽃대가 길게 자라 씨앗을 퍼트릴
밀담을 하는지 조용히 나누는 그들만의
Twitter에 흔들리는 꽃잎으로 봄이 오는
소리를 듣는다.

제비꽃

꽃대가 커지고

씨방이 다시 꽃대와 일직선이 되고

씨방이 세 쪽으로 갈라지고

씨앗이 팅겨나간다.

금강제비꽃

금낭화 새순

흰금낭화

# 금낭화

금낭화

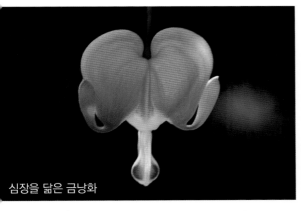
심장을 닮은 금낭화

꽃잎이 지니 암술이 보인다.

비단주머니를 닮아서 지어진 이름이다.

긴 대롱 같은 암술

씨방이 깍지 열매가 되었다.

깍지가 터져 씨앗이 날아간다.

# 이질풀과 쥐손이풀

꽃대 위에 씨방의 키가 길게 자란다.

씨방이 갈라질 때 탄력으로 열매가 달아간다.

이질풀 열매가 터지기 직전이다.

이질풀

쥐손이풀(백두산)

이질풀과 쥐손이풀은 한 집안인데 공통점은 씨방이 길게 자란다는 것이다. 이것은 주위의 방해를 받지 않고 길어진 씨방 껍질의 탄력성을 최대한으로 활용해서 씨앗을 멀리 퍼트리기 위한 것이다. 말하자면 씨방 본래의 기능 이외의 역할을 하는 것으로 씨방 기능의 다변화라고 할 수 있다.

쥐손이풀(금대봉)

# 대반하

씨방의 모양이 드러나고

열매도 보인다.

여름이 반쯤 지난 6월에 피는,
그래서 이름이 반하(半夏)다.

열매가 누렇게 익어간다.

# 천남성

천남성 열매

두루미 천남성

씨방과 꽃차례 축이 길게 연결된 모습

두루미 천남성이 5~6월에 꽃이 피면
길게 자란 꽃차례 축이 영락없는 두루미
모양이 된다. 수분이 되면 씨방과 꽃차례 축이
길게 연결된 모습이 보인다. 열매는 하나하나가
옥수수알처럼 달려 붉게 익는 독초다.

천남성 열매

02

# 꽃대 이야기

꽃대는 원래 씨방을 받쳐주는 지주 역할을 하는데 씨앗을 주변의 방해 없이 멀리 보내기 위해서 또는 이삭을 많이 얻기 위해 길게 자란다.

큰까치수염

# 갯취

우리나라 특산식물로 남부지방과
제주에 자생하는 보호식물이다.
봄에 새순이 돋아 6~7월에 노란색
꽃이 피는데 8월에 갓털 열매가 맺히고
꽃대는 길게 자라서 많은 이삭이 달린다.

갯취 열매

꽃대가 길게 자라서 이삭이 풍년이다.

# 구와꼬리풀

구와꼬리풀

7~8월에 파란색 꽃이 피고
화관은 네 개로 갈라진다.
꽃이 피면 꽃대가 길게 자라며
이삭이 많이 달린다.

꽃대가 점점 길어지고 열매도 많이 달렸다.

# 냉초

냉초꽃

냉초 새순

수분이 시작되고

꽃대도 길게 자라서

이른 봄 냉초는 다른 약초보다
훨씬 빨리 새순이 나오는 추위에 강한 약초다.
꽃대가 길게 자라서 이삭도 많다.

이삭이 많이 달렸다.

냉초 열매

# 삼백초

삼백초

꽃대가 길어지고

씨방도 커지고

꽃, 잎, 뿌리까지 모두 흰색이어서
삼백초라 불린다.

이삭도 많이 달렸다.

삼백초 단풍

# 질경이

질경이

서식처가 길가, 빈터, 제방, 논밭두렁이어서
밟히고 치여도 잘 자라서 질기게 살아남았다고
얻은 이름이다. 이삭이 많이 달리고 씨앗이
멀리 날아가도록 질경이의 꽃대가
길게 자란다.

# 큰까치수염

꽃대가 점점 커진다.

꽃이 땅을 향해 구부렸던 모양이 수분이 되고
씨방이 커지면 꽃대가 서서히 펴지며 길게 자라
갈색 열매가 된다.

큰까치수염 열매

길어진 꽃대에 이삭이 풍년이다.

03

# 숲속의 정령

숲은 수많은 생명체가 살아 숨 쉬는 터이며 삶의 현장입니다. 정령은 살아 있는 생명을 뜻하며 '생명이 지나오는 길'을 거쳐서 옵니다. 자연의 섭리로 빚어진 신비한 생명이 있는 이 길은 '숲으로 가는 길'로 끝없이 계속 이어지는 길이고 이 길 위에 있는 수많은 꽃과 열매가 곧 생명이고 정령입니다. 여기에 우리나라의 산과 들에서 계절별로 흔히 볼 수 있는 꽃과 열매만을 모아 숲의 느낌을 체험할 수 있는 힐링(Healing) 숲을 소개합니다. 자연이 주는 무한한 힘 생명의 활력을 영상으로 느껴보시기 바랍니다

삼나무(제주치유의 숲)

까치박달

누리장나무 꽃망울

뻐국나리 꽃과 열매

사위질빵(AI와 평화의 등불)

민들레(올빼미가족)

매자나무 열매

마가목 열매

솔씨

솔체꽃 열매

산수유

산수유 열매

노박덩굴 열매

노박덩굴 열매

누린내풀(요정의 날개짓)

누린내풀 열매

수곡 열매

차걸이난

수수꽃다리 꽃

수수꽃다리 열매

231

금꿩의다리(발레리나)

금꿩의다리 열매

며느리배꼽 열매

으아리 열매

갯취

갯취 열매

자주종덩굴(백두산)

종덩굴 열매

박쥐나무꽃

박쥐나무 열매

오갈피나무 꽃

오갈피나무 풋열매

오갈피나무 열매

노루삼 열매

골풀

골풀 열매

큰고랭이 열매

솔방울고랭이 열매

너도밤나무 꽃

너도밤나무 열매

나도밤나무

낙우송 열매

구슬댕댕이

구슬댕댕이 열매

고광나무

고광나무 씨방

삼지구엽초

삼지구엽초 열매

딱총나무 열매

무궁화 열매

억새

억새

긴개싱아

긴개싱아 열매

꼭지윤노리나무

꼭지윤노리나무

광대싸리

광대싸리

산달래 열매

큰땅빈대

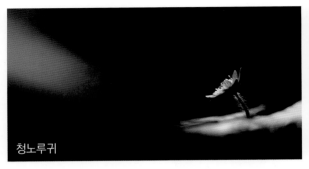
청노루귀

노루귀 열매

미나리아재비(곰배령)

미나리아재비 열매

미나리아재비(백두산)

금매화(미나리아재비과)

금매화 열매

애기똥풀 꽃

애기똥풀 열매

겨우살이 붉은색 열매

겨우살이 노란색 열매(천연주)

겨우살이 수꽃

엉겅퀴 열매

넌출월귤

넌출월귤 꽃

삿갓나물

삿갓나물 열매

멀구슬나무 꽃

멀구슬나무 열매

각시취

각시취 열매

풀솜대

풀솜대 풋열매

풍년화

풍년화 열매

긴담배풀

긴담배풀 열매

백작약

백작약 열매

올괴불 꽃

올괴불 열매

대반하

대반하 씨방

돈나무

돈나무 열매

병아리꽃

병아리꽃 열매

나도승마 꽃

나도승마 열매

구릿대

구릿대 열매

까실쑥부쟁이 열매

밀나물 열매

짚신나물

짚신나물 열매

앉은부채

앉은부채 열매

애기앉은부채

애기앉은부채 씨방

복수초

복수초 열매

매미꽃

매미꽃 열매

단양쑥부쟁이

단양쑥부쟁이 열매

단양쑥부쟁이 열매

화살나무 열매

때죽나무(사려니숲)

바늘엉겅퀴

바늘엉겅퀴

층꽃나무

층꽃나무 열매

쉽싸리

쉽싸리 열매

박주가리 씨앗

박주가리 열매

냉초 새순

노랑물봉선

물봉선

물봉선 열매

치자나무

치자나무 열매

산비장이

산비장이 열매와 홀씨

243

꽈리

꽈리

지리강활

지리강활 열매

분꽃나무

분꽃나무 열매

참빗살나무 열매

참빗살나무 열매

참빗살나무 꽃

팥배나무 열매

달맞이꽃

달맞이꽃 열매

동의나물

동의나물 열매

삽주 씨방

삽주 열매

삽주 빈둥지

곰취 열매

호장근꽃

호장근 열매(불꽃)

245

수양느릅나무 꽃

수양느릅나무 열매

섬시호

섬시호 열매

덜꿩나무

덜꿩나무 열매

비짜루

비짜루 열매

고추나무

고추나무 열매

산부채 꽃

산부채 열매

까마귀밥나무 꽃

까마귀밥나무 열매

두메부추

두메부추 열매

깽깽이풀

깽깽이풀 열매

사위질빵

사위질빵 열매

개병풍

개병풍 열매

백선

백선 열매 빈 껍질

투구꽃

투구꽃 열매

물레나물

물레나물 열매

산딸나무 열매

산딸나무

이질풀 꽃과 열매

이질풀 열매

둥근이질풀

수리취 열매

분홍노루발과 열매(백두산)

매화노루발과 열매

동자꽃 (만항재)

동자꽃 열매

산사나무 열매

산사나무 열매

고삼

고삼 열매

매발톱꽃

매발톱꽃 열매

계수나무(암꽃)

계수나무 열매

우산나물

우산나물 열매

복주머니란

복주머니란 열매

까마귀베개 열매

까마귀베개 열매

까마귀베개 꽃

며느리배꼽

탱자나무

탱자나무 열매

주목 고목

주목 열매

어수리

어수리 열매

가시연꽃

가시연꽃 씨앗

제비꽃

제비꽃 열매

멸가치

멸가치 열매

백당나무 꽃

백당나무 열매

붉은인동

붉은인동 열매

승마

승마 열매

민들레 열매

민들레 열매

범꼬리

범꼬리 열매

자주조희풀

자주조희풀 열매

개버무리

개버무리 열매 실루엣

나도수정초

좀개미취 열매

여우주머니

여우구슬

고본

고본 열매

미선나무

미선나무 열매

꽃무릇

꽃무릇 열매

큰뱀무(올빼미)

큰뱀무(고슴도치)

누리장나무 꽃

누리장나무 열매

닭의장풀

닭의장풀 열매

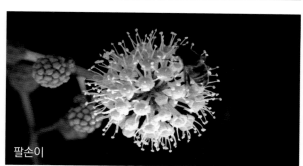

팔손이

팔손이 열매

솔체꽃

솔체꽃 열매

긴담배풀 열매

은방울꽃

은방울꽃 열매

가막살나무

가막살나무 열매

털머위

털머위 열매

머위

머위 열매

머위 열매

독말풀

독말풀 열매

말오줌때 열매

호랑가시나무 열매

차나무 꽃

차나무 열매

모감주나무

모감주나무 열매

태백기린초 열매

벌깨덩굴 열매

먼나무 열매

먼나무

덧나무 열매

삼나무 구과

물싸리

물싸리 열매

솜다리

솜다리 열매

부들

차풀 열매

얼레지(등불)

얼레지 열매

파리풀

파리풀 열매

요강나물 흰 꽃

요강나물 검은 꽃

요강나물 열매

독활

독활 열매

사철나무 열매

토대황 열매

활량나물

활량나물 열매

인가목

인가목 열매

보리수

보리수 열매

도깨비바늘

알동방사니 열매

참여로

참여로 열매

박새 새순

박새 열매

터리풀

터리풀 열매

범부채

범부채 열매

전호

전호 열매

대극 열매

옻나무 열매

쇠딱따구리

개비자나무 씨앗

낙상홍 꽃

낙상홍 열매

말나리 열매

참나리 열매

나팔꽃 열매

좀개미취 열매

박태기나무 꽃

박태기나무 열매

인동

인동 열매

으름덩굴

으름덩굴 열매

앵도나무

새삼 열매

꽃생강

께묵 열매

까마중

개미자리 열매

노린재나무

노린재나무 열매

속새

구기자나무 열매

노랑하늘타리 열매

하늘타리

찰쭉나무 열매

염주나무 열매

눈개승마

눈개승마 열매

엉겅퀴 열매

산수유 열매

괴불나무

괴불나무 열매

금낭화 씨방

금낭화 씨앗

단풍취

단풍취 열매

방아풀 열매

배초향 열매

꿩의바람꽃

꿩의바람꽃 열매

망태버섯

감

약모밀

약모밀 열매

봄까치꽃

봄까치꽃 열매

담자리참꽃과 개감채(백두산)

담자리참꽃과 개감채

고본

고본 열매

단풍나무

단풍나무 열매

꿀풀

꿀풀 열매

동백나무 꽃

동백나무 열매

민백미꽃

민백미꽃 열매

들쭉나무 열매

들쭉나무 열매

풀솜대 꽃

풀솜대 열매

흰현호색

현호색

개나리

비로용담(백두산)

초피나무 열매

두릅나무 열매

산초 열매

산초 열매

둥굴레

둥굴레 열매

분홍땅비싸리

분홍땅비싸리 열매

섬개야광나무

섬개야광나무 열매

겨우살이

겨우살이 열매

쇠무릎 꽃

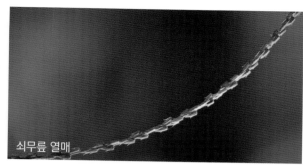
쇠무릎 열매

우엉

우엉 열매

개암나무 꽃

개암나무 열매

조뱅이 열매

참개암나무

참개암나무 열매

갯방풍 꽃

갯방풍 열매

방풍 꽃

방풍 열매

풍도바람꽃

너도바람꽃

누린내풀

누린내풀

유홍초

유홍초 열매

조름나물(백두산)

조름나물 열매(백두산)

구상나무 구과

구상나무 구과

구상나무 구과

함박꽃나무

함박꽃나무 열매

동강할미꽃

할미꽃 열매

환삼덩굴

환삼덩굴 열매

쥐똥나무 열매

쥐똥나무

조릿대

좀딱취

좀딱취

좀딱취 열매

가시박

가시박 열매

도깨비부채

두메자운(백두산)

구름국화(백두산)

가솔송(백두산)

고산봄맞이꽃(백두산)

담자리꽃나무(백두산)

담자리참꽃(백두산)

담자리참꽃과 개감채(백두산)

좀참꽃(백두산)

숙은꽃장포(백두산)

범꼬리(백두산)

노란만병초(백두산)

금새우난(제주도)

매자나무 열매

철쭉 열매

동백나무 열매

꼭지윤노리나무 열매

큰구슬붕이

회화나무 열매

나무수국 열매

광릉요강꽃

솔나리(백두산)

쥐손이풀

딱총나무 꽃망울

수크령

금대봉 가는 길

04

# 독특한
# 문양과 빛깔

생명이 지나온 길에 쌓이고 쌓인 삶의 흔적들이 독특한 문양과 빛깔이 되어 이 땅의 아름다운 야생화로 해마다 피고 집니다. 온 몸으로 나누는 그들만의 Twitter에서 다양한 즐거움을 찾으시기 바랍니다.

금새우란

# 계수나무(암꽃)

꽃은 잎이 나기전에
암수 딴그루로 피며
가을에는 단풍이 아름다워
주로 정원수로 심는다.

계수나무 암꽃

잎이 나오기 전

잎이 나온 이후

계수나무 풋열매

계수나무 열매

# 고본

고본 문양 1

고본 문양 2

아름다운 고본 꽃송이에서
얻은 독특한 문양 1, 2, 3은
아마도 우리가 모르는 야생화의
비밀 Twitter 이야기가 아닐까…

고본 문양 ③

고본 열매

# 광릉요강꽃

야생의  요강꽃은 씨방이 보이지 않고
꽃잎이 말라 떨어져 좀처럼 열매를 보기가 어렵다.
언젠가는 야생에서 볼 수 있는 행운을 기다리며…

# 광대싸리

파란 겨울 하늘을 향해 힘차게 뻗은 줄기는 용기를,
땅을 향해 둥글게 뻗어내린 줄기의 곡선은
꾸밈 없는 자신감을 보여준다.

# 구릿대

구릿대의 구리는 구렁이(국어사전)를 뜻하고
구릿대의 잎을 싸고 있는 잎집이
아직 벌어지기 전의 모습이 뱀의
머리부분을 닮아서 붙여진
이름이 아닐까…

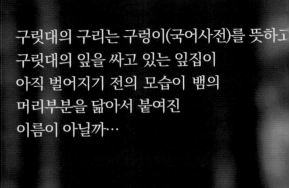

구릿대 잎집

구릿대(만항재)

구릿대 열매

# 구상나무

구상나무는 우리나라에만 있는 세계에 자랑하는
멋쟁이 나무다. 길고 굵직한 솔방울이 하늘을 향한
믿음직한 자태가 멋스럽고 녹색, 자주색, 갈색 등으로
변하는 아름다운 색상이 구상나무의
자랑거리 중 하나이다.

# 꽃무릇

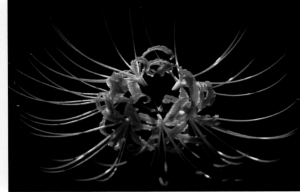

꽃무릇 이외에
석산이라는 이름도 있다.
초가을 녹색의 숲에
붉은 꽃무릇을 배경으로
꽃이 있는 풍경에 자주 등장한다.
꽃잎이 지고 씨방이 자라는 것이 보인다.

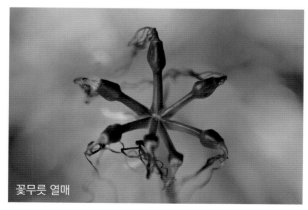

꽃무릇 열매

# 꽈리

제목 : 탈혼(脫魂)

꽈리 꽃

늦가을 갑자기 닥친 한파와 비바람에
얼었다 녹은 풋꽈리가 흰색으로 변했는데
마치 혼이 나간 모습이다.

# 금강초롱

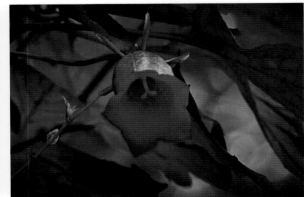

우리나라 특산식물이다.
꽃 색깔은 연한 남보라색과
흰색이 있다. 마치 청사초롱에
불을 밝힌 것처럼 아름다운 꽃이다.

# 나도승마

나도승마 열매

사라져 가는 식물로 보호종이다.

# 누리장나무

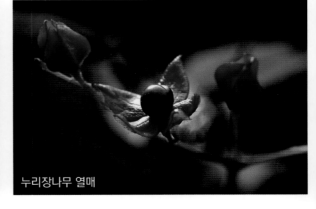

누리장나무 열매

꽃과 열매가 아름답다.
열매를 싸고 있던 붉은색 꽃받침 위에
파란색 열매가 보석처럼 빛나고
점차  검은색으로 익어가는
색의 변화가 흥미롭다.

# 누린내풀

누린내풀은 마치 숲속 요정의 춤을 보는 것 같다.
수분이 되면 꽃잎이 아래로 처지며 꽃받침에
매달려있는 모양이 마치 아름다운 요정이
날개짓을 하며 날아가는 것 같다.

요정의 날개짓

위풍당당(개화)

곡선을 그리며(낙화)

가족나들이

누린내풀 열매

# 눈개승마

눈개승마

꽃잎 색이 변했다.

꽃은 연약해 보여도
이삭이 탐스럽게 많이 달렸다.

눈개승마 열매

# 달맞이꽃

달맞이 이름 그대로 꽃모양이
달을 보기 위한 망원경처럼
때로는 접시 모양의 전파망원경처럼
하늘을 향하고 있는 것을 보면
꽃 이름이 그럴듯하다.

제목 : 망원경

달맞이꽃

제목 : 전파망원경

달맞이꽃 열매

# 닭의장풀

꽃잎 세 장 중 두 장은 파란색, 한 장은 흰색이고,
꽃가루가 달린 수술 세 개 외에 노란색 헛수술 세 개,
암수술 한 개로 되어 있다.

닭의장풀 꽃과 열매

닭의장풀 열매

# 독말풀

가시가 있는 열매의 모양만으로도
쉽게 접근이 어려워 보이는데
독이 있는 약초다.

# 독활

독활 꽃대와 꽃망울

꽃이 피고

씨방이 보이고

땅두릅이라고도 부르며
어린 새순을 나물로 먹는다.

초록색 씨방이 연한 분홍색을 띠다가

검은색으로 익는다.

# 둥굴레

둥굴레 꽃

둥굴레 새순

꽃이 티 없이 맑고 깨끗해 보이는 것으로 보아
둥굴레차가 몸에 좋다는 말이 일리가 있어 보인다.

둥굴레(유명산)

# 오갈피나무

꽃도 다섯 다발

잎이 다섯 개

오갈피나무 꽃다발

오갈피나무는 잎이 다섯 개, 꽃도 다섯 다발,
열매도 다섯 다발로 마치 5형제가 한 단위로
뭉친 클러스터 같다.

색이 변한 꽃다발

열매도 다섯 다발

독특한 문양과 빛깔

# 모감주나무

노란 꽃이 주위를 압도하듯 아름다움을 뽐낸다.
특히 파란 가을 하늘에 풍성하게 달리는 열매가
마음에 여유와 평화를 준다.

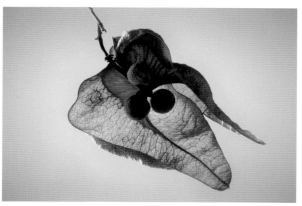

# 모데미풀

이른 봄 높은 산에
눈 녹은 계곡물이 흐르는 곳에
희고 청순한 자태로 무지개를 타고 피어난
모데미풀 꽃이 신선하고 아름답다.

# 목화

흰색에 가까운 베이지색 꽃잎이
분홍색이 되고 목화 열매가 완전히 익으면
백색의 갓털이 부풀어 열매가 벌어진다.
이 갓털을 목화 또는 면화라고 한다.
목화 씨를 빼고 물레를 이용해서
실을 뽑아 천을 만든다.

독특한 문양과 빛깔

# 까치박달

4~5월에 꽃이 피고 수정이 되면(암수 한 그루)

풋열매가 달리고

다 자라면 긴 솔방울 모양의 열매가 달린다.

열매를 담은 길죽한 과포가 솔방울이 벌어지듯
부풀면 하나 둘씩 떨어져 날아간다.

까치박달 과포와 열매

# 미치광이풀

미치광이풀 새순

미치광이풀 꽃망울

이른 봄 미치광이풀 꽃망울은 새순처럼 땅에서 돋아난다.
아마도 개화 시기가 빠르면서도 꽃망울이 피면서
땅 위로 올라오는 모습이 반갑고 놀랍다는 의미로
지은 이름이 아닐까…

미치광이풀 꽃과 열매

꿩의바람꽃

# 바람꽃

가래바람꽃(백두산)

가래바람꽃 열매

풍도바람꽃

홀아비바람꽃

홀아비바람꽃 열매

바람꽃은 봄에 피는 야생화로
아름답고 종류도 많아 사랑 받는 꽃이다.
대표적인 몇 종류만 소개한다.

꿩의바람꽃

꿩의바람꽃 열매

# 배초향

배초향 꽃이 피면
힘센 왕벌들만 다투어 꿀을 딴다.
우리나라의 대표적 토종
식용 허브로 전해온다.

배초향 열매

# 백작약

백작약 새순

백작약 꽃망울

봄이면 새싹이 돋아나고
씨방이 2~3개의 아름다운 흰색 꽃이 핀다.
뿌리는 약재로 쓰인다.

백작약 열매

# 범꼬리

범꼬리(백두산 천문봉)

범꼬리(국립산림과학원-홍릉숲)

범꼬리 열매

범꼬리(백두산 천지)

# 복수초

폭설로 눈 속에 묻혀있던 복수초가
스스로의 체온으로 눈을 녹이고 일어서는
강인한 생명력을 보여준다.
얼음새꽃이라는 이명도 있다.

복수초

복수초 열매

# 복주머니란

복주머니란

복주머니란

복주머니란 열매

우리나라에는 복주머니란 속 식물로
광릉요강꽃, 복주머니란, 털복주머니란 세 종류가
자생한다고 알려져 있다.

털복주머니란

털복주머니란

독특한 문양과 빛깔

# 비짜루

비짜루 새순(아스파라거스)

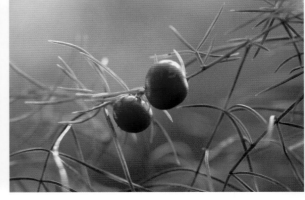

어린싹(아스파라거스)은 식용으로 쓰이고
잎이 노랗게 단풍들 때 작지만
빨간 열매가 먹음직스럽게 익는다.

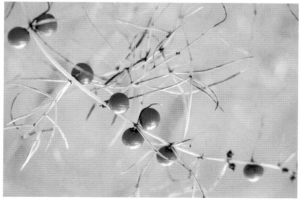

# 뻐국나리

삐죽삐죽 솟은 뻐국나리 꽃술이
마치 인공위성의 안테나를 연상케한다.
어둠 속 뻐국나리 꽃과 열매는
많은 비밀을 간직한 마법의 성처럼
적막에 쌓여있다.

뻐국나리 열매

# 삿갓나물

삿갓나물 꽃봉오리

삿갓나물 꽃

잎이 바람개비로 펴지는 새순처럼
긴 꽃대 위에 꽃봉오리가 활짝 피면
영락없는 삿갓이다.
이름의 유래가 그럴듯하다.

삿갓나물 새순

삿갓나물(금대봉)

씨방

열매

빈 둥지

# 솔체꽃

꽃잎이 지고 열매들이 둥글게 뭉친 풋열매

우리나라 가을 하늘처럼 파랗게 때로는 연보라색으로
아름답게 피는 가을 꽃이다. 가느다란 줄기 위에 핀 꽃이
바람에 나부끼면 가을은 단풍으로 물들고 솔체꽃은
열매가 되어 군무를 추며 씨앗을 바람에 날린다.

열매에서 씨앗이 다 빠져나가면

빈 둥지가 된다.

# 얼레지

흰색 얼레지도 있다.

이른 봄에 피는 야생화 인기 순위 상위에 드는
얼레지는 사진가들이 즐겨 찾는 꽃이다.
여섯 장의 홍자색 꽃잎이 위로 말려 올라가면
트레이드마크인 얼룩 무늬가 곤충을 유인한다.
영리한 왕벌은 등 뒤에서 꿀을 딴다.

얼레지 열매

# 요강나물

요강나물 흰 꽃이 검은색으로 변하고
검은색 꽃잎이 떨어지면 서서히
씨방이 갈라지며 갓털 열매가 된다.

요강나물 흰 꽃

요강나물 검은 꽃

꽃잎이 지고 씨방이 보인다.

갓털이 부풀며 씨방이 갈라진다.

요강나물 열매

# 은방울꽃

은방울꽃 새순

아름다움의 에이스 은방울꽃은
은은한 향기가 있고, 또 그림 같이 작고
붉은 열매까지 야생화가 가질 수 있는
좋은 조건을 두루 갖추었다.

은방울꽃 열매

# 인가목

인가목 꽃

장미로 착각할 정도로
깨끗한 외모에 갸름한 열매가
붉게 익는다.

인가목 열매

# 주목

주목 배우체

주목 종자

주목 고목

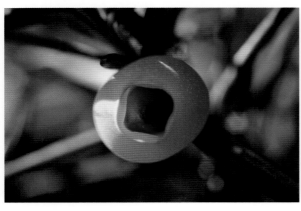

주목은 겉씨식물로 꽃이 피지 않고
씨방이 없어 열매가 없고 바로 씨앗이 달린다.
수명이 긴 나무라는 의미로 살아서 천년
죽어서 천년이라는 전설이 있다.
백두대간과  한라산 등지에 자생하고
빨간 종자가 열린다.

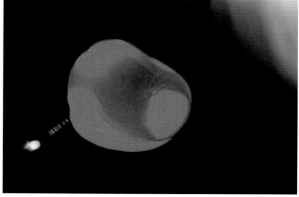

# 짚신나물

짚신나물

짚신나물의 연두색 씨방이
짙은 녹색 파란색 연보라색 갈색으로
여러번 빛깔이 바뀌며 열매가 된다.

짚신나물 열매

# 처녀치마

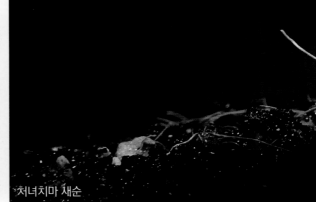

처녀치마 새순

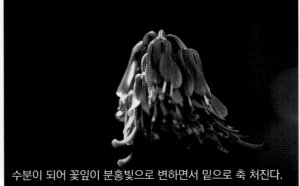

수분이 되어 꽃잎이 분홍빛으로 변하면서 밑으로 축 처진다.

처녀치마는 새순이 나오면서 동시에 꽃이 핀다.
연한 보라색 새순은 꽃대가 길게 자라면서
짙은 보라색 꽃이 되고 열매를 맺는다.

꽃잎이 지고 꽃받침 암술 수술 씨방이 보인다.

처녀치마 열매

# 터리풀

눈에 보일듯 말듯 아주 작은 꽃들이 모여
아담하게 자리잡고 핀 터리풀 꽃송이는
티나지 않게 자연의 아름다움을 보여준다.
수분이 끝난 가지에 깨알같이 작은 씨앗이 누렇게
익어가는 넉넉함에서 생명이 지나오는 길의
위대한 섭리에 감동한다.

터리풀 열매

# 털진달래

털진달래(백록담 남벽)

털진달래(한라산 영실)

털진달래와 씨방

꽃망울과

씨방에 솜털이 보인다.

# 팔손이

팔손이 흰 꽃이 누렇게 변하면
씨방이 초록으로 변하고 점차 익어서
검은색 열매가 된다.

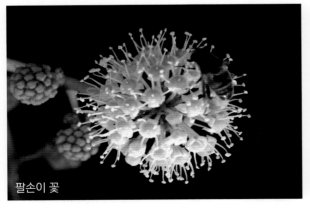

팔손이 꽃

# 하늘타리

하늘타리

덩굴손이 위쪽으로
계속 타고 오르는 하늘타리의 흰 꽃잎 다섯 장은
끝이 머리카락처럼 갈라져 한밤중에 보면
섬뜩한 느낌을 준다.

하늘타리 열매

노랑하늘타리 열매

# 떡쑥

무심코 밟고 지나쳤던 작은 떡쑥이
예쁜 분홍색 꽃을 피우더니 갓털에 싸인
멋쟁이 열매가 되었다. 둥지에 넘치는
씨앗들이 무사히 숲으로 가기를…

# 물매화

물매화

물매화

무더위가 가시고 아침 저녁으로
서늘해지면 계곡 물가에 피는 아름다운
물매화가 그리워진다. 희고 노란색 왕관은
가짜 수술이고 빨간색 수술 아래
흰색 씨방과 암술이 있다.

물매화 열매

# 미나리아재비

미나리아재비(곰배령)

미나리아재비

미나리아재비 열매

우리나라 산과 들에서
흔히 볼 수 있는 미나리아재비는
몸 전체에 솜털이 있고
노란 꽃잎은 윤이 빛난다.

금매화(미나리아재비과)

금매화 열매

# 큰뱀무

큰뱀무 풋열매

큰뱀무

뱀이 많은 곳에 자란다 하여
붙여진 이름이라고 한다.

제목 : 올빼미

제목 : 인연

# 탱자나무

혼돈의 사회

꽃은 반드시 가시 곁에 핀다.

탱자나무 숲은 마치 혼돈의 사회를 보는 것 같다.
날카로운 긴 가시로 서로를 찌를 듯 겨누고 있다.
그러나 자세히 보면 상대를 절대 해하지 않고
꽃도 피고 열매도 맺는다. 아마도 탱자는 혼돈에서
평화를 얻게 해준 지혜의 열매가 아닐까…

그래서 열매도 가시 옆에서 자란다.

# 풍년화

추운 겨울을 지나 봄 소식이 기다려질 무렵
제일 먼저 꽃이 피는 노란색 풍년화가 있다.
눈 속에 핀 풍년화는 한 해의 농사를 가늠하는
좋은 징조로 보았다.

풍년화

풍년화 열매

제목 : 부엉이

# 화살나무

화살나무

화살나무 열매

붉은색 단풍과 열매가
가을을 대표하기에
부족함이 없을 것 같다.

05

# 생명을 품었던
# 빈 둥지

'생명이 지나오는 길'이 끝나는 곳에 렌즈가 빛으로 그려낸 빈 둥지가 있습니다. 꽃, 생명, 열매가 운명처럼 만나서 지나온 즐거운 동행이 이별의 아쉬움을 담은 빈 둥지로 남아 생과 사의 빛과 그림자를 보여줍니다. 영상 속 빈 둥지는 삶의 끝자리에서 그림자처럼 사라지는 죽음의 이야기이고, 어미나무의 삶은 영원하지 않지만 소중한 생명의 끈을 이어주는 모성애 이야기이며, 생명의 씨앗을 품고 있는 열매는 숲으로 가는 길에서 제2, 제3의 생명을 영원히 이어가는 이야기입니다. 이것이 자연이 꽃과 열매로 들려주는 이야기의 끝자리에 나오는 빈 둥지의 사연입니다.

장구채 빈 둥지

바늘엉겅퀴 빈 둥지

기린초 열매 빈 껍질

이질풀 빈 껍질

용머리

백선 열매 빈 껍질

쪽동백

병아리꽃 빈 둥지

386  생명이 지나오는 길에서

갈참나무

떡갈나무

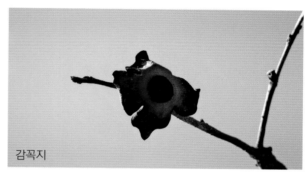
감꼭지

무궁화

구슬댕댕이 열매 빈 껍질

목화

병꽃나무 열매 빈 껍질

좀개미취 빈 둥지

금매화 열매 빈 껍질

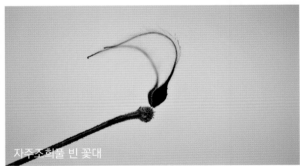

자주조희풀 빈 꽃대

누리장 열매 빈 꼭지

병꽃나무 열매 빈 껍질

쉬땅나무 열매 빈 껍질

삿갓나물 빈 둥지

솔체꽃 열매 빈 둥지

장구채 빈 둥지

긴잎나비나물 빈 깍지

고추나무 열매

술패랭이 빈 둥지

독활 열매 빈 둥지

쑥부쟁이 빈 둥지

솜나물 빈 둥지

떡쑥 빈 둥지

가실쑥부쟁이 빈 둥지

좀개미취 빈 둥지

단양쑥부쟁이 빈 둥지

털머위 빈 둥지

산비장이 빈 둥지

씨앗이 비어가는 부들 둥지

물싸리 빈 둥지

말발도리 빈 둥지

두메부추 빈 둥지

히어리 빈 둥지

눈쌓인 마타리 빈 둥지

구절초 빈 둥지

바늘엉겅퀴 갓털만 남은 빈 둥지

삽주 언 둥지

삽주 빈 둥지

철쭉 빈 둥지

물레나물 빈 둥지

물레나물 빈 둥지

독말풀 빈 둥지

참고 : 꽃과 열매 이름은 식물명에 포함, 분류하였습니다.

야생화의 일생 이야기

# 생명이 지나오는 길에서

**발행일** 2019년 12월 20일 초판 1쇄

**지은이** 최만규
**발행인** 고영래
**발행처** (주)미래사

**주소** 서울시 마포구 신수로 60, 2층
**전화** (02)773-5680
**팩스** (02)773-5685
**이메일** miraebooks@daum.net
**등록** 1995년 6월17일(제2016-000084호)

ISBN 978-89-7087-123-3  13480